中国西北地区重点水域渔业资源与环境保护丛书

新疆鱼类图集

XINJIANG YULEI TUJI

牛建功　张人铭　刘　鸿／主编

中国农业出版社
北京

图书在版编目（CIP）数据

新疆鱼类图集 / 牛建功，张人铭，刘鸿主编.
北京：中国农业出版社，2024.12（2025.3重印）.
ISBN 978-7-109-32193-9

Ⅰ . Q959.408-64

中国国家版本馆CIP数据核字第2024WL0175号

新疆鱼类图集
XINJIANG YULEI TUJI

中国农业出版社出版

地址：北京市朝阳区麦子店街18号楼
邮编：100125
策划编辑：杨晓改
责任编辑：杨晓改　林维潘
版式设计：王　晨　责任校对：吴丽婷
印刷：北京中科印刷有限公司
版次：2024年12月第1版
印次：2025年3月北京第2次印刷
发行：新华书店北京发行所
开本：787mm×1092mm　1/16
印张：10.5
字数：210千字
定价：168.00元

本书编写人员名单

主　　编：牛建功　张人铭　刘　鸿

副主编：蔡林钢　张　涛　陈　朋

参　　编（按姓氏笔画排序）：

邢君霞　吐尔逊·提力瓦尔地　刘春池　米乃瓦尔·木衣提

杨博文　时春明　阿地力·阿不都　阿达可白克·可尔江

封永辉　胡江伟　咸玉兰　贺疆滔　高　菁　海萨·艾也力汗

韩军军　焦　飞

　　我国西北地区地域辽阔、荒漠广布、国际边境线漫长，是气候变化的敏感区和生态脆弱区，也是我国重要的战略纵深与回旋空间和重要的生态安全屏障，因特殊的地形地貌和地理隔离，其鱼类区系组成复杂，特有程度高，在动物地理学和动物分类学上具典型性，是生物多样性重点保护区，极具种质资源保护价值。近年来受农业开发、水电工程建设、过度捕捞、外来物种入侵、水资源过度利用等人类活动的影响，西北地区自然水域渔业资源急剧衰退，物种濒危形势严峻，生态环境压力增大。因此，系统掌握我国西北地区重要水域渔业资源本底状况意义重大。

　　2019年农业农村部批复立项"西北地区重点水域渔业资源与环境调查"财政专项，覆盖新疆、青海、甘肃、宁夏和内蒙古五省（自治区）重点水域。项目由中国水产科学研究院牵头，组织13家科研单位系统地开展了西北地区重点水域鱼类组成与结构、鱼类生态学、鱼类资源量、濒危物种、湖库渔业产业结构、鱼类栖息地、饵料生物、水体理化环境调查和渔业管理现状及政府决策服务调研等九个方面的工作，并结合西北地区50年左右重要河湖生境变化的研究，分析了西北地区重要水域渔业资源和环境动态，为渔业资源保护和可持续利用提供科学依据。

　　《中国西北地区重点水域渔业资源与环境保护丛书》是一项很有价值的科研成果。本丛书根植于众多科技工作者连续多年对西北地区重点水域渔业资源与环境的深度调查和研究，选择了代表性强、生态价值高、对经济社会发展影响重大的典型水域，如覆盖额尔齐斯河、伊犁河、塔里木河以及乌伦古湖、艾比湖、博斯腾湖、青海湖等重点水域，对其渔业资源家底和生态环境现状以及面临的问题进行分析，总结了资源养护和环境修复的技术进展和发展方向，填补了西北地区渔业资源系统调查的空白。

作为国内首套全面介绍我国西北地区渔业资源与环境的专著，其出版、发行具有重要的学术价值和文献价值，将为相关领域的科技工作者提供有益参考，为政府部门科学决策提供数据支撑，为广大读者普及渔业资源与环境保护专业知识。

中国工程院院士　唐名升

2024 年 11 月

FOREWORD

　　新疆地处亚欧大陆腹地，美丽而神奇。这里有一望无际的戈壁和沙漠、雄伟的高原雪山、牛羊成群的草原、神秘的喀纳斯湖。新疆地理面积 166.49 万 km^2，是中国陆地面积最大的省级行政区，约占中国国土总面积的 1/6，与蒙古、俄罗斯、哈萨克斯坦、吉尔吉斯斯坦、塔吉克斯坦、阿富汗、巴基斯坦和印度 8 国接壤。雄伟壮丽的天山由东至西横贯新疆的中部，把新疆分为南北两个各具特色的区域（南疆和北疆），天山与昆仑山之间是世界上最大的内陆盆地——塔里木盆地，盆地中央是世界第二大沙漠——塔克拉玛干沙漠，发源于天山南麓和昆仑山北麓的河流流向盆地，形成我国最大的内陆河——塔里木河。天山与阿尔泰山之间是准噶尔盆地，盆地中心是固定或半固定沙漠——古尔班通古特沙漠。发源于天山北麓的主要河流精河、博尔塔拉河以及奎屯河等流入艾比湖；乌鲁木齐河、头屯河、玛纳斯河以及白杨河等消失于盆地边缘；发源于塔尔巴哈台山的额敏河，最后注入哈萨克斯坦境内的阿拉湖；发源于阿尔泰山西南麓的诸多河流汇合成额尔齐斯河，向西流经斋桑泊，最终向北流入北冰洋；发源于天山西北麓，水量居新疆之首的伊犁河，向西流入巴尔喀什湖。

　　新疆特殊的地理位置和"三山夹两盆"地形塑造了复杂而独特的水生生态系统，鱼类种群资源独特而珍稀，既有北疆亚欧水系交流形成的特有种群，也有南疆因青藏高原隆起而分化的高原鱼种。就鱼类区系而言，包括中亚高山鱼类复合体、北方山麓鱼类复合体、北方平原鱼类复合体、北极淡水鱼类复合体和第三纪早期鱼类复合体五大区系。我国关于新疆鱼类的研究文献最早见于张春霖（1933），系统研究起始于伍献文等（1963）和李思忠等（1966）。1979 年由中国科学院动物研究所、新疆维吾尔自治区水产局等联合出版的《新疆鱼类志》，记录新疆鱼类 50 个种和亚种，隶属 6

1

目 10 科 26 属；2012 年郭焱、张人铭等出版的《新疆鱼类志》记录新疆现有鱼类 88 种，隶属 9 目 23 科 58 属。上述研究对新疆鱼类形态学、生物学和生态学等内容做了详细介绍，为新疆鱼类研究提供了极有价值的基础资料。

《新疆鱼类图集》依托农业农村部"西北地区重点水域渔业资源与环境调查"项目支持，为"中国西北地区重点水域渔业资源与环境保护丛书"中的一分册。本书针对新疆天然水域分布的土著鱼类和特有鱼类进行拍摄、整理和汇编，记录国家一级保护野生动物 1 种（2021），国家二级保护野生动物 9 种（2021），新疆维吾尔自治区 I 级重点保护野生动物 4 种，新疆维吾尔自治区 II 级重点保护野生动物 13 种（新政发〔2022〕75 号），新疆特色经济鱼类 10 种，其他小型土著鱼类 14 种，共计 51 种。本书除小鳔高原鳅外均提供彩色实拍图，旨在通过直观特征或局部特写，为行政管理、科学研究和动物地理爱好者提供参考，促进新疆土著、特有鱼类的保护和开发。

图集收集过程中得到了中国水产科学研究院黑龙江水产研究所、中国水产科学研究院长江水产研究所、中国科学院水生生物研究所、华中农业大学、塔里木大学、新疆维吾尔自治区农业农村厅渔业监督处和各地州（市、县）农业农村局渔业主管部门等单位的大力支持和帮助，从事渔业工作的王大庆、张大新、余志刚、沙文军、唐磊、潘国强、王刚、谢鹏、马壮、乔方明、罗志远、张飞、马良、高闻、刘宗霖、朱湘强、邓昌盛、陈文海等人为照片的拍摄提供了大力的协助，在此一并致以诚挚的感谢。本书中所有手绘图均由刘春池博士独立完成。本书鱼类英文名由张辉研究员校对。

由于水平有限，书中难免存在疏漏和错误，期盼广大读者批评指正。

著　者

2024 年 12 月

2

CONTENTS 目 录

第一章

国家重点保护鱼类

1. 扁吻鱼

Aspiorhynchus laticeps (Day，1877)

英文名：big-head schizothoracin

曾用中文学名：新疆大头鱼

俗名：大头鱼

分类地位：鲤形目—鲤科—裂腹鱼亚科—扁吻鱼属

保护级别：国家一级

我国分布流域：塔里木河流域

采集水域：渭干河（子一代）

拍摄人：刘鸿

拍摄年份：2023 年

体长：427 mm

扁吻鱼吻部侧面

扁吻鱼头部正侧面

扁吻鱼吻部腹面

　　体长形，稍侧扁，头大。喜栖息于水温较高的大型湖泊和缓流水体中，游泳不敏捷，具有典型的洄游习性，仅分布于塔里木河水系，国家一级保护野生动物。2003 年至今，新疆维吾尔自治区水产科学研究所（简称新疆水产研究所）等单位进行了扁吻鱼的保护生态学研究，目前全人工繁殖技术已攻克，已累计在博斯腾湖、克孜尔水库、康拉克湖和台特玛湖等天然水域开展增殖放流 150 余万尾。博斯腾湖中的扁吻鱼在消失 30 多年后，2017 年首次捕捞到 2 尾人工放流的扁吻鱼，之后回捕数量逐年增加，到 2022 年底，累计回捕 666 尾。历年回捕数量分别为 2 尾、2 尾、5 尾、20 尾、155 尾和 482 尾。其中最大个体规格达到全长 720 mm，体重 3 150 g。

2. 西伯利亚鲟

Acipenser baerii Brandt，1869

英文名：Siberian sturgeon

俗名：尖吻鲟

分类地位：鲟形目—鲟科—鲟属

保护级别：国家二级

我国分布流域：额尔齐斯河流域

样品来源：人工繁育群体

拍摄人：刘鸿

拍摄年份：2020 年

全长：561 mm

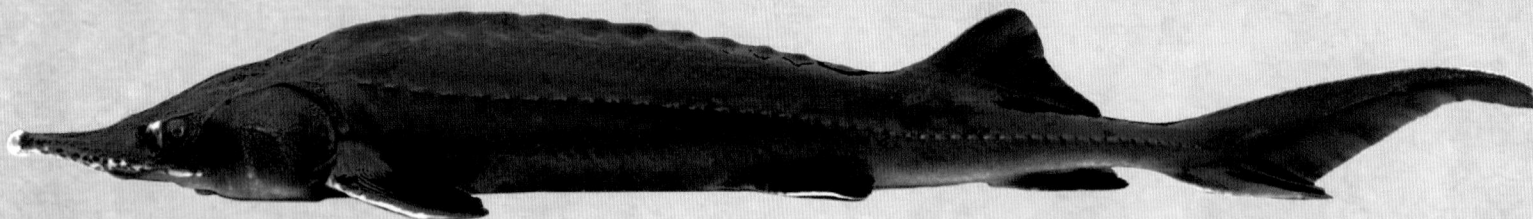

西伯利亚鲟头部侧面

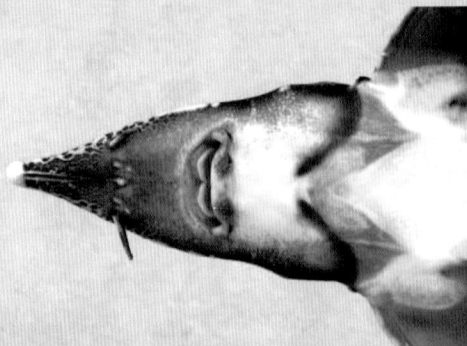

西伯利亚鲟吻部腹面

体长筒状，背侧较窄，向后渐细尖，头尖形，背侧被骨板。河湖型溯河鱼类，在我国境内仅分布于额尔齐斯河水系。1988 年至今，新疆水产科学研究所、中国水产科学研究院黑龙江水产研究所（简称黑龙江水产研究所）等开展了多次额尔齐斯河流域物种资源调查工作，野生种群在额尔齐斯河 185 团主河道河段有少量分布。养殖种群为引进种，用于商业开发利用。

3. 裸腹鲟

Acipenser nudiventris Lovetsky，1828

英文名：fringebarbel sturgeon
俗名：鲟鳇鱼
分类地位：鲟形目—鲟科—鲟属
保护级别：国家二级
我国分布流域：伊犁河水系自伊犁河大桥以下至三道河

采集水域：伊犁河干流
拍摄人：刘鸿
拍摄年份：2020 年
全长：1 698 mm

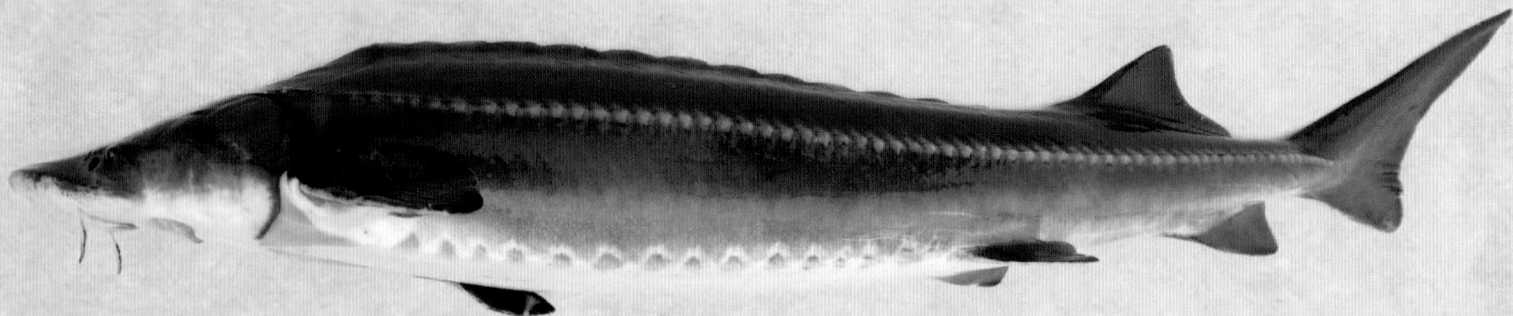

裸腹鲟吻部腹面

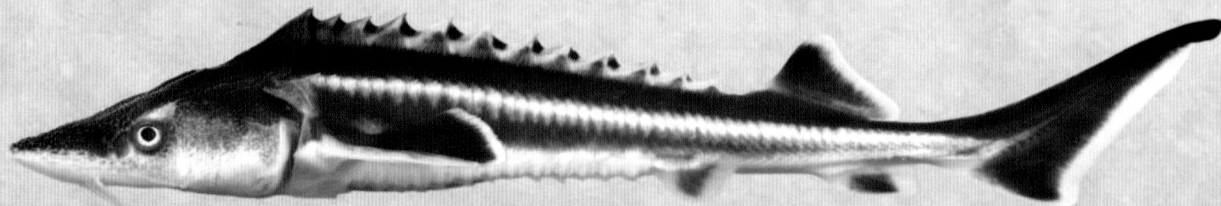

裸腹鲟子一代侧面 (全长 143 mm，刘鸿拍摄)

裸腹鲟 2⁺ 龄子一代（全长 330 mm，刘鸿拍摄）

　　体长，头后胸部位最高，向后渐细，背部窄，腹部平坦而宽，横断面呈三角形。喜生活于流水、溶氧含量较高、水温偏低、底质为砾石的水环境中。在我国境内仅分布于伊犁河水系。1996 年至今，黑龙江水产研究所、新疆水产科学研究所等对该鱼进行了生物学和生态学的相关研究，2020 年人工繁殖技术首次取得成功。

4. 小体鲟

Acipenser ruthenus (Linnaeus，1758)

英文名：sterlet sturgeon

分类地位：鲟形目—鲟科—鲟属

保护级别：国家二级

我国分布流域：额尔齐斯河水系

采集水域：额尔齐斯河 185 团河段

拍摄人：马波

拍摄年份：2019 年

全长：915 mm

小体鲟头部侧面

小体鲟吻部腹面

体延长，歪形尾，背部黑色，腹部白色。洄游型鱼类，在我国境内仅分布于额尔齐斯河水系，系哈萨克斯坦额尔齐斯河洄游种群。我国境内种群资源量非常稀少，近年来仅在 2019 年野外调查中捕获野生样本 1 尾。

5. 细鳞鲑

Brachymystax lenok (Pallas，1773)

英文名：sharp-snouted lenok

俗名：小红鱼、小嘴红鱼

分类地位：鲑形目—鲑科—细鳞鲑属

保护级别：国家二级

我国分布流域：额尔齐斯河、黑龙江、乌苏里江、图们江、鸭绿江等水域

采集水域：喀拉额尔齐斯河

拍摄人：刘鸿

拍摄年份：2020 年

体长：362 mm

细鳞鲑幼鱼（体长 94 mm，刘鸿拍摄）

　　体长，侧扁。又称小红鱼。冷水性鱼类，具有典型的生殖洄游性。在我国境内分布于东北地区各水系、河北部分水系、陕西秦岭地区水系、甘肃部分水系和新疆的额尔齐斯河水系。目前东北、川陕等地区细鳞鲑的人工繁育技术已非常成熟。新疆水系的细鳞鲑研究始于 1996 年，新疆水产科学研究所、黑龙江水产研究所对其种群资源进行了调查研究，目前人工繁殖技术处于科学实验成功阶段，未开展规模化繁育推广。

6. 哲罗鲑

Hucho taimen (Pallas，1773)

英文名：Siberian taimen

俗名：大红鱼

分类地位：鲑形目—鲑科—哲罗鲑属

保护级别：国家二级

我国分布流域：黑龙江、松花江、乌苏里江及额尔齐斯河等流域

采集水域：喀纳斯湖

拍摄人：刘鸿

拍摄年份：2020 年

体长：780 mm

体延长，稍侧扁。体背青褐色，体两侧淡紫褐色，阳光照射下会映发鲜亮的红色，所以称之为"大红鱼"。冷水性鱼类，具有典型洄游性产卵特征，在我国境内分布于新疆喀纳斯湖及额尔齐斯河水系和黑龙江部分水系，因其成熟个体可生长至近百千克，所以有着喀纳斯湖"湖怪"之称。1988 年至今，黑龙江水产研究所、新疆水产科学研究所等对该鱼进行了生物学和生态学研究。目前，在额尔齐斯河水系野生种群已非常稀少，新疆范围内的养殖种群主要引自黑龙江水系。

7. 北鲑

Stenodus nelma (Pallas，1773)

英文名：inconnu
曾用学名：*Stenodus leucichthys nelma*
曾用中文学名：奈马小白鲑
俗名：大白鱼
分类地位：鲑形目—鲑科—北鲑属

保护级别：国家二级
我国分布流域：额尔齐斯河水系克兰河以下河段
采集水域：额尔齐斯河干流
照片提供：牛建功

体长形，侧扁，尾柄短小。河流洄游型冷水性鱼类，在我国境内仅分布于额尔齐斯河水系。1988年至今，新疆水产科学研究所等对额尔齐斯河流域进行多次资源调查研究，初步判定北鲑（野生种群）已处于功能性灭绝状态。

8. 北极茴鱼

Thymallus arcticus (Pallas，1776)

英文名：Arctic grayling

曾用学名：*Thymallus arcticus arcticus*

俗名：花翅子、花棒子

分类地位：鲑形目—茴鱼科—茴鱼属

保护级别：国家二级

我国分布流域：额尔齐斯河流域

采集水域：喀拉额尔齐斯河

拍摄人：刘鸿

拍摄年份：2020 年

体长：198 mm

北极茴鱼雄性（♂）背鳍

北极茴鱼雌性（♀）背鳍

北极茴鱼稚鱼（体长 47 mm，刘鸿拍摄）

北极茴鱼幼鱼（体长 104 mm，刘鸿拍摄）

体延长而侧扁，前背部较高。成鱼背鳍后部末端有 2 行赤褐色和深绿色的卵形斑块，雄鱼尤为鲜艳，所以俗称花翅子。河流型冷水性鱼类，在我国境内仅分布于额尔齐斯河水系。1996 年至今，新疆水产科学研究所、新疆生产建设兵团水产技术推广站等对该鱼进行了生物学和生态学研究，目前人工繁殖技术已较为成熟，年产苗种 20 万余尾，主要用于额尔齐斯河流域鱼类增殖放流活动。

9. 斑重唇鱼

Diptychus maculatus Steindachner，1866

英文名：scaly osman

曾用中文学名：斑黄瓜鱼

俗名：小白条

分类地位：鲤形目—鲤科—重唇鱼属

保护级别：国家二级

我国分布流域：塔里木河流域上游

采集水域：塔什库尔干河

拍摄人：刘鸿

拍摄年份：2020 年

体长：165 mm

我国分布流域：伊犁河流域上游

采集水域：特克斯河（子一代）

拍摄人：刘鸿

拍摄年份：2019 年

体长：133 mm

伊犁河水系斑重唇鱼 10$^+$ 龄个体 (体长 302 mm，刘鸿拍摄)

塔里木河水系斑重唇鱼幼鱼 (体长 71 mm，刘鸿拍摄)

伊犁河水系斑重唇鱼幼鱼 (体长 52 mm，刘鸿拍摄)

伊犁河水系斑重唇鱼人工繁育子一代稚鱼 (体长 22 mm，张涛拍摄)

　　体前部圆筒形，后部略侧扁。为冷水性土著鱼类，具有生殖洄游习性。该鱼分布于塔里木河流域各支流和伊犁河流域各支流，大多分布于河段的上游高海拔区，伊犁河水系和塔里木河水系的斑重唇鱼具有明显的外观区别。1996 年新疆水产科学研究所对该鱼生物学和生态学进行了调查研究；2010 年人工繁殖技术获得成功，2021 年全人工繁殖技术获得成功，已累计在伊犁河、塔里木河等天然水域开展增殖放流 100 万余尾。

10. 塔里木裂腹鱼

Schizothorax biddulphi Günther，1876

英文名：Tarim schizothoracin
曾用中文学名：尖嘴臀鳞鱼
俗名：尖嘴鱼
分类地位：鲤形目—鲤科—裂腹鱼亚科—裂腹鱼属
保护级别：国家二级

我国分布流域：塔里木河水系
采集水域：渭干河
拍摄人：张人铭
拍摄年份：2005 年
体长：455 mm

塔里木河支流叶尔羌河塔里木裂腹鱼 (体长 126 mm，刘鸿拍摄)　　　　塔里木裂腹鱼吻部腹面　　　塔里木裂腹鱼臀鳞 (陈朋拍摄)

车尔臣河塔里木裂腹鱼头部侧面（陈朋拍摄）

车尔臣河塔里木裂腹鱼背面（陈朋拍摄）

体长形，稍侧扁。自然分布在塔里木河水系河道、湖库静水水体中，为塔里木河流域水系的旗舰种。新疆水产科学研究所 2000 年开始对其生物学和生态学进行研究。该鱼在塔里木河水系存在 2 个种群，一个是湖库型种群，性成熟个体较大；一个是河流型种群，性成熟个体较小。2003 年开始其增殖保护学的研究，2005 年突破人工繁殖技术，目前是塔里木河水系主要的增殖放流品种，年放流数量在 50 万尾左右。

第二章
新疆重点保护鱼类

1. 金鲫

Carassius carassius (Linnaeus，1758)

英文名：crucian carp
曾用中文学名：黑鲫
俗名：黑鲫
分类地位：鲤形目—鲤科—鲫属
保护级别：自治区Ⅰ级

我国分布流域：额尔齐斯河水系
采集水域：额尔齐斯河 185 团河段
拍摄人：海萨·艾也力汗
拍摄年份：2007 年
体长：104 mm

　　体侧扁，略呈卵圆形，短而高，背鳍外弓形。主要分布于额尔齐斯河 185 团主河道的河汊、河边涨水时能与之相通的坑塘和阿勒泰市二牧场下塘等水域。新疆水产科学研究所 1999 年对其开展了生物学和生态学研究，具有耐盐碱、耐低溶氧、耐低温、抗逆性强等生物学特点，具有较高的种质研究和开发利用价值。

2. 新疆裸重唇鱼

Gymnodiptychus dybowskii (Kessler，1874)

英文名：naked osman

曾用中文学名：裸黄瓜鱼

俗名：厚唇鱼，小白条

分类地位：鲤形目—鲤科—裂腹鱼亚科—裸重唇鱼属

保护级别：自治区Ⅰ级

我国分布流域：伊犁河流域、准噶尔盆地诸水域、南疆开都河

采集水域：特克斯河

拍摄人：刘鸿

拍摄年份：2019 年

体长：198 mm

新疆裸重唇鱼人工繁育子一代幼鱼 (体长 113 mm，张涛拍摄)

新疆裸重唇鱼人工繁育子一代稚鱼 (体长 27 mm，张涛拍摄)

　　体延长，略侧扁，全身基本无鳞，仅有肩鳞、臀鳞及侧线鳞。我国伊犁河流域、天山北坡准噶尔盆地诸水域、南疆开都河均有分布，野生种群中不同分布水域的种群体色和斑纹有明显的区别。新疆水产科学研究所 1996 年开始对新疆裸重唇鱼生物学和生态学进行了研究。2009 年伊犁河流域种群人工繁殖技术首次获得成功，陆续推广至开都河流域、玛纳斯河等天山北麓水域，已累计在伊犁河、开都河、天山北麓等天然水域开展增殖放流 200 万余尾。2021 年成功突破全人工繁殖技术，繁育出子二代苗种。

3. 准噶尔雅罗鱼

Leuciscus merzbacheri (Zugmayer，1912)

英文名：Zhungarian ide
曾用中文学名：新疆雅罗鱼
俗名：小白鱼
分类地位：鲤形目—鲤科—雅罗鱼亚科—雅罗鱼属
保护级别：自治区 II 级

我国分布流域：天山北坡准噶尔盆地水系
采集水域：精河
拍摄人：刘鸿
拍摄年份：2023 年
体长：249 mm

　　体长形，侧扁，腹部圆。新疆独有的土著鱼类，仅分布于天山北部的准噶尔盆地，是该区域内标志性物种。2000 年后，新疆水产科学研究所对该鱼进行了生物学和生态学的研究。目前仅在精河入艾比湖三角洲、奎屯河入艾比湖河口区域内有野生种群分布。2017 年人工繁殖技术取得成功，已累计在艾比湖湿地保护区等天然水域开展增殖放流 12 万余尾。

4. 银色裂腹鱼

Schizothorax argentatus Kessler，1874

英文名：Balkhash marinka
曾用中文学名：银色臀鳞鱼
俗名：小白鱼、黄鱼
分类地位：鲤形目—鲤科—裂腹鱼亚科—裂腹鱼属

保护级别：自治区Ⅰ级
我国分布流域：伊犁河水系
图片引用：https://www.kalapeedia.ee/10897.html

　　体延长，稍侧扁。在我国境内主要分布于伊犁河主河道。20 世纪 60 年代前是伊犁河主要捕捞对象，约占渔获物 60% 以上，80 年代后因河流生态变化和人类活动影响，种群资源量迅速下降，目前已面临濒临灭绝的风险。新疆水产科学研究所等单位 1996 年开始对该鱼生物学和生态学进行调查研究，其外部形态特征与伊犁裂腹鱼非常相似，仅可通过分子鉴定技术开展物种分类工作。目前尚未开展人工繁育养殖。

5. 高体雅罗鱼

Leuciscus idus (Linnaeus，1758)

英文名：ide
曾用中文学名：圆腹裂腹鱼
俗名：小白鱼、中白鱼
分类地位：鲤形目—鲤科—雅罗鱼亚科—雅罗鱼属
保护级别：自治区Ⅱ级
我国分布流域：额尔齐斯河水系
采集水域：吉力湖

拍摄人：刘鸿
拍摄年份：2023 年
体长：252 mm

高体雅罗鱼幼鱼 (体长 106 mm，刘鸿拍摄)

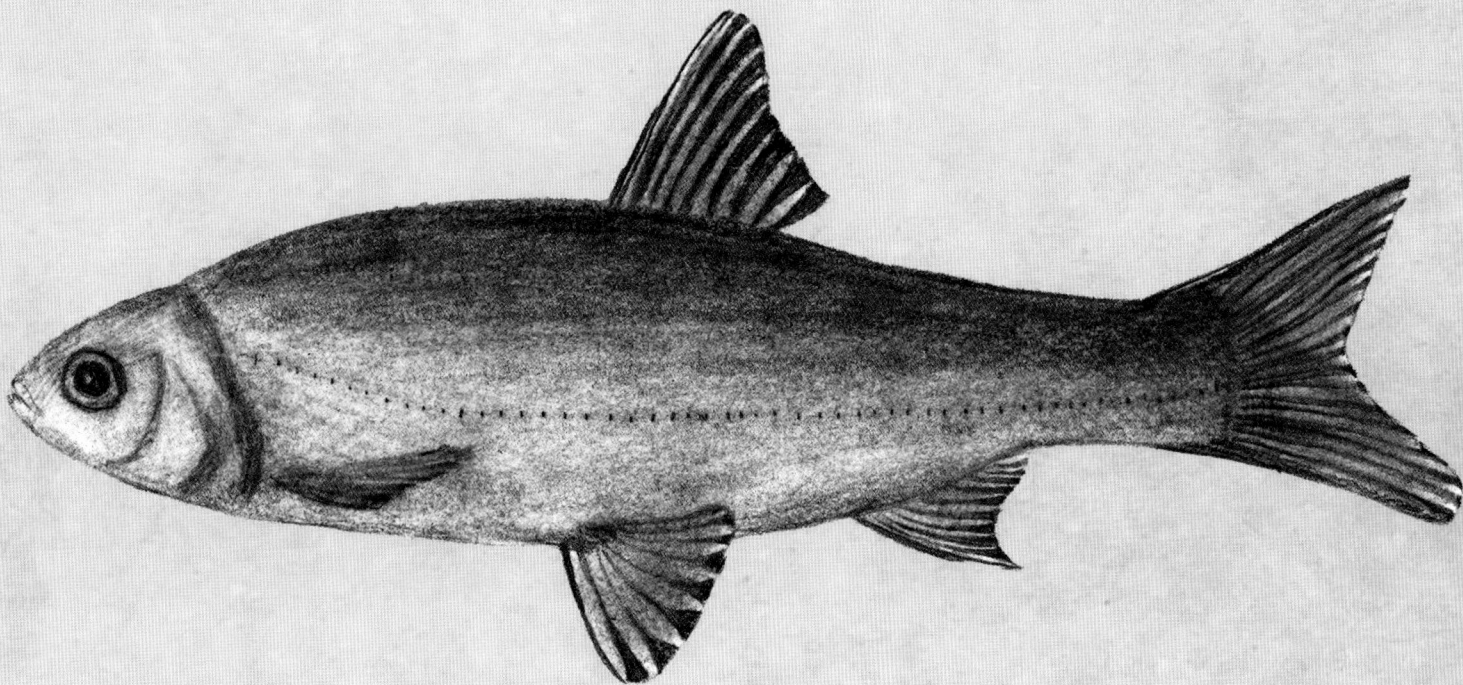

　　体长形，较高，侧扁。有溯河产卵习性。该鱼分布于北欧至西伯利亚水系。我国仅分布于新疆境内的额尔齐斯河干流，现乌伦古湖也有分布，是额尔齐斯河的土著经济鱼类之一。2006年以来，新疆水产科学研究所等单位对该鱼进行了生物学和生态学研究。目前其人工繁育养殖技术已非常成熟，新疆年产苗种超2 000余万尾，并有多家渔业企业商品化销售养殖成鱼。

6. 吐鲁番鲹

Phoxinus grumi Berg，1907

英文名：Turpan minnow
分类地位：鲤形目—鲤科—鲹属
保护级别：自治区 II 级
我国分布流域：吐鲁番盆地水系

采集水域：吐鲁番葡萄沟
拍摄人：谢鹏
拍摄年份：2017 年
体长：78 mm

　　体长形，侧扁。仅分布于吐鲁番盆地的吐鲁番大草沟、葡萄沟和部分坎儿井以及鄯善连木沁水域。现存资源量有限，新疆水产科学研究所近年来仅在 2017 年吐鲁番葡萄沟水系捕获一批样本，作为吐鲁番盆地水域指示物种，在地理格局研究上具有较高的科学研究和生物多样性价值。

7. 湖拟鲤

Rutilus rutilus (lacustris，1758)

英文名：rutilus roach

曾用学名：*Rutilus rutilus lacustris*

俗名：小白鱼、小红眼

分类地位：鲤形目—鲤科—雅罗鱼亚科—拟鲤属

保护级别：自治区 II 级

我国分布流域：额尔齐斯河水系

采集水域：乌伦古湖

拍摄人：牛建功

拍摄年份：2007 年

体长：194 mm

　　体侧扁，较高，呈纺锤形。头小，呈三角形。眼与周围呈红色，故称"小红眼"，背鳍浅黑色，胸鳍、腹鳍、臀鳍及尾鳍下叶为橘红色。在我国境内仅分布于额尔齐斯河水系和乌伦古湖水系。1988年至今，新疆水产科学研究所、黑龙江水产科学研究所等对该鱼进行了生物学和生态学的研究，目前人工繁殖技术已取得成功，主要是订单式繁育，可以实现规模化繁育。

8. 重唇裂腹鱼

Schizothorax barbatus McClelland，1842

英文名：double-lip marinka

曾用中文学名：重唇臀鳞鱼

俗名：新疆鱼、白条

分类地位：鲤形目—鲤科—裂腹鱼亚科—裂腹鱼属

保护级别：自治区Ⅱ级

我国分布流域：塔里木河水系

采集水域：克孜河

拍摄人：刘鸿

拍摄年份：2020 年

体长：312 mm

重唇裂腹鱼唇部腹面

　　体长形，稍侧扁。自然分布于塔里木河水系，在塔里木河和田河、叶尔羌河、塔什库尔干河、托什干河、库马力克河、渭干河等河道均有分布。从海拔 500 m 至 3 500 m 均有分布。阿富汗的喀布尔河水系也有分布。新疆水产科学研究所于 2003 年开始对该鱼生物学、生态学特性及种群资源进行较为系统的研究。2020 年从自然水域采集成熟个体进行人工繁殖取得成功，目前已累计开展增殖放流 10 万余尾。

9. 扁嘴裂腹鱼

Schizothorax esocinus Heckel，1838

英文名：Chirruh snowtrout；Haug marinka

曾用中文学名：鸭嘴臀鳞鱼

俗名：白条

分类地位：鲤形目—鲤科—裂腹鱼亚科—裂腹鱼属

保护级别：自治区Ⅱ级

我国分布流域：塔里木河水系的罗布泊、博斯腾湖、渭干河等

采集水域：叶尔羌河

拍摄人：刘鸿

拍摄年份：2023 年

体长：136 mm

扁嘴裂腹鱼幼鱼（体长 101 mm，刘鸿拍摄）　　　　扁嘴裂腹鱼头部侧面　　　扁嘴裂腹鱼吻部腹面

体长形，稍侧扁。该鱼在我国主要分布于新疆塔里木河水系的罗布泊、博斯腾湖、渭干河等水体，但资源量很小，2019—2021 年专项普查中仅捕获 3 尾样本。

10. 宽口裂腹鱼

Schizothorax eurystomus Kessler，1872

英文名：Laisuu marinka

曾用中文学名：宽口臀鳞鱼

俗名：白条

分类地位：鲤形目—鲤科—裂腹鱼亚科—裂腹鱼属

保护级别：自治区Ⅱ级

我国分布流域：塔里木河水系

采集水域：塔什库尔干河

拍摄人：刘鸿

拍摄年份：2020 年

体长：183 mm

宽口裂腹鱼吻部腹面

　　体长形，稍侧扁。具有生殖洄游习性，分布于塔里木河水系各支流和干流，是典型的河流型鱼类。分布海拔高程与塔里木裂腹鱼类似，从 1 000 m 至 3 000 m 均有分布。新疆水产科学研究所等单位 2000 年开始对该鱼生物学和生态学进行调查研究。2017 年人工繁殖技术获得成功，已累计在塔里木河水域开展增殖放流 50 万余尾。

11. 厚唇裂腹鱼

Schizothorax irregularis Day，1876

英文名：thick-lip marinka

曾用中文学名：厚唇臀鳞鱼

俗名：新疆鱼、白条

分类地位：鲤形目—鲤科—裂腹鱼亚科—裂腹鱼属

保护级别：自治区Ⅱ级

我国分布流域：塔里木河水系

采集水域：塔什库尔干河

拍摄人：刘鸿

拍摄年份：2020 年

体长：172 mm

厚唇裂腹鱼吻部腹面

　　体长形，稍侧扁。分布于塔里木河及主要支流，如阿克苏河、喀什噶尔河、叶尔羌河、和田河等水系。新疆水产科学研究所于2003开始对该鱼生物学、生态学特性及种群资源进行较为系统的研究。2018年在塔什库尔干河人工繁殖技术获得成功，目前已累计开展增殖放流65万余尾。

12. 伊犁裂腹鱼

Schizothorax pseudaksaiensis Herzenstein,1889

英文名：Ili marinka

曾用中文学名：伊犁臀鳞鱼

俗名：大头、细鳞鱼、黄鱼

分类地位：鲤形目—鲤科—裂腹鱼亚科—裂腹鱼属

保护级别：自治区Ⅱ级

我国分布流域：伊犁河水系

采集水域：特克斯河

拍摄人：杨博文、张涛

拍摄年份：2023 年

体长：283 mm

伊犁裂腹鱼吻部腹面

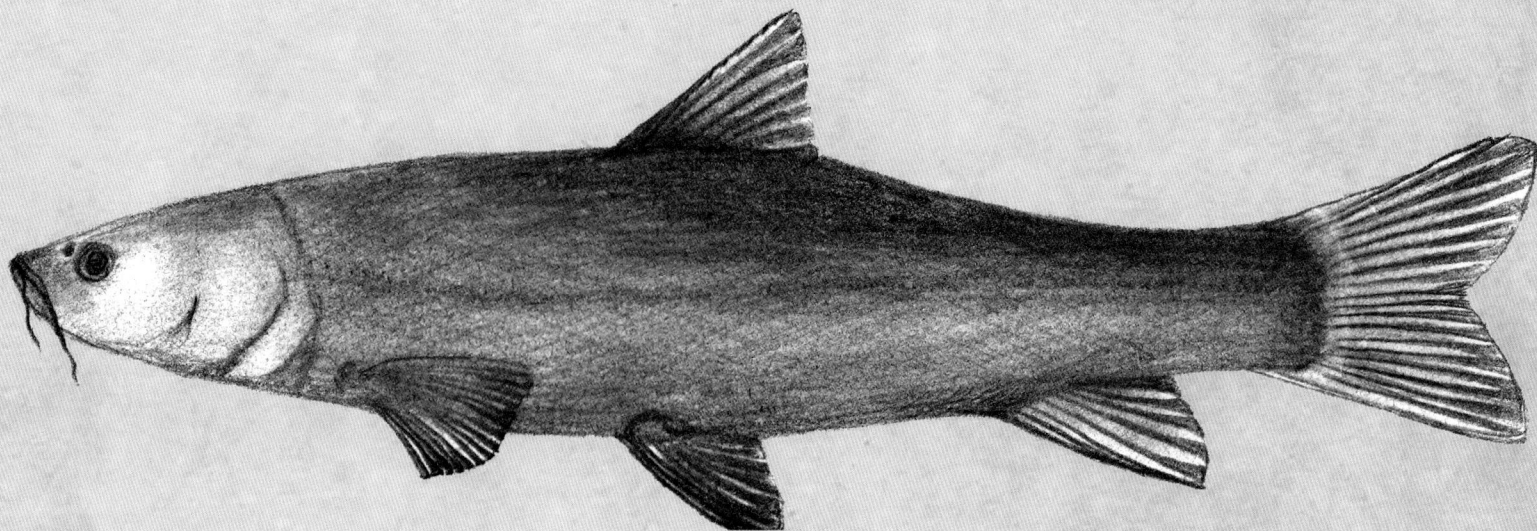

　　体延长，稍侧扁。在我国境内分布于伊犁河中下游河段，为亚冷水性鱼类，广布种，小个体种群多数集中在河道内，部分水库和天然坑塘中分布有大个体种群，2000年以前为伊犁河中下游河段主要土著经济鱼类。新疆水产科学研究所1996年对该鱼生物学、生态学特性及种群资源做过较为系统的研究。2010年首次突破人工繁殖技术，目前已在伊犁地区和新疆生产建设兵团部分养殖企业开展了人工增养殖研究，已累计在伊犁河流域增殖放流10万余尾。

13. 丁鲅

Tinca tinca (Linnaeus，1758)

英文名：tench

曾用中文学名：须鲅

俗名：青黄鱼、黑鱼

分类地位：鲤形目—鲤科—雅罗鱼亚科—丁鲅属

保护级别：自治区 Ⅱ 级

我国分布流域：额尔齐斯河和乌伦古河流域

采集水域：人工繁育群体

拍摄人：刘鸿

拍摄年份：2023 年

体长：271 mm

丁鲅幼鱼 (体长 32 mm，刘鸿拍摄)

体略高，较侧扁而厚。体背为青黑色，体侧为黄褐色，腹部色淡，故又名青黄鱼。典型的杂食性鱼类，在我国只分布于额尔齐斯河水系。2000年后，新疆水产科学研究所等单位对该鱼生物学和生态学进行了研究，陆续突破了丁𫚈的人工繁殖技术、苗种培育技术和池塘成鱼养殖技术。目前在阿勒泰、石河子、乌鲁木齐、昌吉开展池塘养殖，并将苗种推广到了广东、四川、浙江、江苏、上海、天津、河北等地。

14. 叶尔羌高原鳅

Triplophysa yarkandensis (Day,1877)

英文名：Kashgarian loach

曾用学名：*Nemachilus yarkandensis*

曾用中文学名：叶尔羌条鳅

俗名：狗头鱼、小大头

分类地位：鲤形目—鳅科—条鳅亚科—高原鳅属

保护级别：自治区Ⅱ级

我国分布流域：塔里木河水系

采集水域：叶尔羌河

拍摄人：张涛

拍摄年份：2021 年

体长：147 mm

叶尔羌高原鳅吻部腹面

　　体稍延长，前躯圆筒形，后渐侧扁。广泛分布于新疆南疆塔里木河水系大小水域中。博斯腾湖、罗布泊也有记载。塔里木大学、新疆水产科学研究所于 2000 年开始对其生物学、生态学和人工繁育技术等开展研究，大型个体可生长至 200~300 g/ 尾，具有较高的经济价值。目前已在阿拉尔、阿克苏、巴州、喀什、和田、克州等多地区开展人工繁育放流技术研究，截至目前，已在塔里木河流域增殖放流超 200 万尾。

15. 江鳕

Lota lota (Linnaeus，1758)

英文名：burbot

俗名：鲇鱼、鲶鱼

分类地位：鳕形目—鳕科—江鳕属

保护级别：自治区Ⅱ级

我国分布流域：黑龙江、鸭绿江及额尔齐斯河

采集水域：布尔津河

拍摄人：刘鸿

拍摄年份：2020 年

体长：452 mm

　　体圆长形，后部侧扁。我国分布于额尔齐斯河、黑龙江水系和鸭绿江上游，乌伦古湖也有分布，额尔齐斯河附属水体海子口水库种群数量相对较多。历史上属于额尔齐斯河水系主要经济物种，但近年来，种群资源量急剧下降，已基本无捕捞产量。新疆生产建设兵团于 2006 年突破了其人工繁殖技术，后续新疆水产科学研究所、阿勒泰地区渔业企业先后对其生物学、生态学和人工繁育技术等开展研究，目前商业模式为订单式服务，年产苗种可达 200 万尾。

16. 黏鲈

Acerina cernua (Linnaeus,1758)

英文名：ruffe

俗名：鼻涕鱼

分类地位：鲈形目—鲈科—黏鲈属

保护级别：自治区Ⅱ级

我国分布流域：额尔齐斯河水系

采集水域：额尔齐斯河哈巴河汇合口

拍摄人：牛建功

拍摄年份：2011 年

体长：107 mm

  体延长，椭圆形，侧扁。该鱼在我国仅分布于新疆额尔齐斯河和乌伦古湖，是新疆特有的土著鱼类。该鱼为个体小、生长缓慢的小型鱼类，在地理格局研究上具有较高的科学研究和生物多样性价值。

17. 阿勒泰杜父鱼

Cottus dzungaricus Kottelat，2006

英文名：freshwater sculpins

曾用学名：*Cottus sibiricus altaicus*

俗名：小黑鱼

分类地位：鲉形目—杜父鱼科—杜父鱼属

保护级别：自治区 II 级

我国分布流域：阿勒泰山南麓海拔 800~1 210 m 水域

采集水域：哈巴河

拍摄人：牛建功

拍摄年份：2008 年

体长：86 mm

　　体长，近圆锥形。自然分布于我国额尔齐斯河的支流克兰河和上游富蕴可可托海。在额尔齐斯河主要支流哈巴河、布尔津河、克兰河、喀拉额尔齐斯河等水域均有分布，群体数量较少。该鱼为我国额尔齐斯河特有土著鱼类，2011年新疆水产科学研究所、黑龙江水产科研所对其生物学进行了研究，因其形态特殊、体色炫丽，具有较高的观赏鱼开发价值。

第三章 新疆主要经济鱼类

英文名：northern whitefish

分类地位：鲑形目—鲑科—鲑亚科—白鲑属

我国分布流域：赛里木湖引入并人工繁育成功后，推广移殖到新疆恰甫其海水库、柴窝堡湖、布尔津河托洪台水库及额尔齐斯河部分附属水体，在我国青海、黑龙江、内蒙古和四川等省区亦有分布

采集水域：赛里木湖

拍摄人：刘宗霖

　　体长，稍侧扁。1998年新疆渔业工作者从俄罗斯引进高白鲑发眼卵，经孵化培育后投放赛里木湖获得成功。新疆水产科学研究所于2000年突破人工繁殖技术。并逐渐将该鱼推广移殖到新疆伊犁河恰甫其海水库、柴窝堡湖、布尔津河托洪台水库及额尔齐斯河部分附属水体中，是新疆地域性代表水产品，深受市场欢迎。

2. 白斑狗鱼

Esox lucius Linnaeus，1758

英文名：northern pike

俗名：狗鱼、乔尔坦、乔尔泰

分类地位：鲑形目—狗鱼科—狗鱼属

我国分布流域：额尔齐斯河水系

采集水域：乌伦古湖

拍摄人：刘鸿

拍摄年份：2020 年

体长：329 mm

　　体长形，稍侧扁。主要生活在寒冷地带的河流、湖泊中，我国主要分布于额尔齐斯河流域，乌伦古湖也有分布。新疆水产科学研究所等于 2000 年前后突破其人工繁殖技术，具有极高的商品鱼市场价值。目前已在全疆各地进行养殖推广，2022 年池塘及坑塘养殖面积超过 10 000 亩，年产量超过了 3 000 t。该鱼还被推广到了广东、四川、浙江、江苏、上海、河北、山东、河南等地区。

东方欧鳊

Abramis brama (Linnaeus，1758)

英文名：freshwater bream
曾用学名：*Abramis brama orientalis*
曾用中文学名：东方真鳊
俗名：鳊鱼、鳊花

分类地位：鲤形目—鲤科—欧鳊属
我国分布流域：额尔齐斯河水系和伊犁河水系
采集水域：哈巴河
拍摄人：刘鸿
拍摄年份：2020 年
体长：224 mm

东方欧鳊幼鱼 (体长 79 mm，刘鸿拍摄)

体侧扁，头后隆起，体较高呈卵圆形。具有溯河产卵的习性，原为仅分布于里海和咸海水系的地理种群。1949 年苏联渔业工作者将该鱼移殖入巴尔喀什湖，后扩散至我国伊犁河水系。1968 年后移殖至乌伦古湖、博斯腾湖、柴窝堡湖、吉力湖、红雁池水库及赛里木湖等多个水域。2000 年前后已突破人工繁殖技术，目前苗种年生产能力不低于 400 万尾。

4. 赤梢鱼

Leuciscus aspius (Linnaeus，1758)

英文名：asp
曾用学名：*Aspius aspius*
俗名：翘嘴链子、白条
分类地位：鲤形目—鲤科—雅罗鱼亚科—赤梢鱼属
我国分布流域：伊犁河水系

采集水域：伊犁河霍城县河段
拍摄人：牛建功
拍摄年份：2010 年
体长：451 mm

　　体延长，稍侧扁，腹部圆。凶猛肉食性鱼类，具有产卵洄游习性，该鱼自然分布于欧洲北海、波罗的海、黑海、里海和咸海等水系的平原河川中，新疆仅分布于伊犁河主河道水域。新疆水产科学研究所等于 1996 年对其生物学和生态学开展研究。2000 年以后资源量急剧下降，年捕获样本量不足百尾。其肉质和营养价值深受当地百姓喜爱，具有极高的经济价值。

5. 银鲫

Carassius gibelio (Bloch，1782)

英文名：Prussian carp

曾用学名：*Carassius auratus gibelio*

曾用中文学名：额河银鲫

俗名：红鲫

分类地位：鲤形目—鲤科—鲫属

我国分布流域：黑龙江、额尔齐斯河与乌伦古河流域

采集水域：乌伦古湖

拍摄人：刘鸿

拍摄年份：2020 年

体长：218 mm

银鲫幼鱼（体长 120 mm，刘鸿拍摄）

　　体侧扁，宽而高。主要分布于多瑙河到科雷马河、库页岛及朝鲜。新疆主要分布于额尔齐斯河和乌伦古湖水系。新疆水产科学研究所于 1998 年对该鱼的种群分布和人工繁殖技术进行了研究，平均个体可生长至 1~2 kg，具有极高的经济价值。目前该鱼已进入规模化人工养殖阶段，年产苗种可达 8 000 万尾，远销内地多个省份。

6. 贝加尔雅罗鱼

Leuciscus baicalensis (Dybowski，1874)

英文名：Siberian dace
曾用学名：*Leuciscus leuciscus baicalensis*
俗名：小白鱼、小白鲦
分类地位：鲤形目—鲤科—雅罗鱼亚科—雅罗鱼属
我国分布流域：额尔齐斯河和乌伦古河水系

采集水域：乌伦古湖
拍摄人：刘鸿
拍摄年份：2020 年
体长：167 mm

　　体长而侧扁，腹部圆，银白色。新疆主要分布于伊犁河、额尔齐斯河和乌伦古河水系，后引入博斯腾湖。属额尔齐斯河、乌伦古湖主要经济鱼类。于 2008 年突破人工繁殖技术，2017 年实现规模化繁育，苗种供应主要为订单式服务，年生产能力不低于 2 000 万尾，主要供应增殖放流和地方养殖企业。

7. 欧鲇

Silurus glanis Linnaeus，1758

英文名：Wels catfish
俗名：六须鲇
分类地位：鲇形目—鲇科—鲇属
我国分布流域：伊犁河水系

样品来源：人工繁育子一代
拍摄人：刘鸿
拍摄年份：2024 年
体长：404 mm

　　体延长，头扁平，背侧为褐色，少数为淡黄色。典型的凶猛肉食性鱼类，是鲇形目个体最大的种类。20 世纪 70 年代末扩散到我国境内的伊犁河，分布于雅玛渡以下主河道，80 年代成为伊犁河中国境内捕捞经济鱼类之一，新疆水产科学研究所于 2013 年突破人工繁殖技术，2020 年实现规模化繁殖，苗种年生产能力不低于 100 万尾。

8. 梭鲈

Lucioperca lucioperca (Linnaeus，1758)

英文名：zander

俗名：牙鱼、九道黑

分类地位：鲈形目—鲈科—梭鲈属

我国分布流域：伊犁河和额尔齐斯河水系

采集水域：哈巴河 185 团河段

拍摄人：刘鸿

拍摄年份：2020 年

体长：459 mm

　　体侧扁略高，呈纺锤形，背、体部灰绿色，有 12~13 个深褐色横斑。凶猛肉食性鱼类，分布于伊犁河水系和额尔齐斯河水系，为新疆特有经济鱼类。其肉质鲜美，具有极高的商业利用价值。1992 年突破人工繁殖技术，2015 年实现规模化繁育，年生产能力可达 100 万尾，成鱼及苗种已远销内地多个省份。

9. 河鲈

Perca fluviatilis Linnaeus，1758

英文名：European perch

曾用中文学名：赤鲈

俗名：五道黑、欧洲鲈

分类地位：鲈形目—鲈科—鲈属

我国分布流域：额尔齐斯河和乌伦
古河流域

采集水域：吉利湖

拍摄人：牛建功

拍摄年份：2003 年

体长：274 mm

河鲈幼鱼（体长 148 mm，刘鸿拍摄）

体侧扁，背略隆起，长椭圆形。鳞为栉鳞。体背侧为草绿色或淡黄褐色，体侧有5~7条黑色纵带，腹部白色。凶猛肉食性鱼类，是新疆额尔齐斯河流域重要土著经济鱼类之一，后移殖至博斯腾湖及希尼尔水库等水体。2000年左右突破其人工繁殖技术，2013年新疆生产建设兵团水产技术推广站实现其规模化繁育，目前全疆年产量超过1 000 t，远销内地多个省份。

10. 伊犁鲈

Perca schrenkii Kessler，1874

英文名：Balkhash perch
俗名：刺鱼
分类地位：鲈形目—鲈科—鲈属
我国分布流域：伊犁河水系
采集水域：恰甫其海水库
拍摄人：刘鸿
拍摄年份：2023 年
体长：197 mm

伊犁鲈幼鱼（体长 91 mm，刘鸿拍摄）

　　体侧扁，口上位。栉鳞，体侧上方有 8~9 条灰黑色横斑。凶猛肉食性鱼类，主要分布于伊犁河水系和额敏河水系，无养殖群体。自然群体主产区在伊犁河主河道和恰甫其海水库。2022 年突破其人工繁殖技术。具有较高的商业开发潜力。

第四章

其他小型鱼类

1. 尖鳍鮈

Gobio acutipinnatus Men'shikov，1939

英文名：gobio gobio

曾用学名：*Gobio gobio cynocephalus*

曾用中文学名：花丁鮈

俗名：船丁鱼

分类地位：鲤形目—鲤科—鮈亚科—鮈属

我国分布流域：额尔齐斯河水系

采集水域：布尔津河

拍摄人：刘鸿

拍摄年份：2024 年

体长：98 mm

　　体细长，躯干近圆筒状。背鳍无硬棘，鳍高明显。体侧部有很多不规则小黑斑点。主要分布于额尔齐斯河水系，为典型土著特有鱼类。个体较小，但肉质鲜美，具有一定的商业开发价值，2018 年突破其人工繁殖技术，目前还未进行规模化养殖开发。

2. 短尾鲅

Phoxinus brachyurus Berg，1912

英文名：seven river's minnow

分类地位：鲤形目—鲤科—鲅属

我国分布流域：伊犁河流域及准噶尔盆地

采集水域：喀什河

拍摄人：张涛

拍摄年份：2024 年

体长：59 mm

体稍侧扁，吻钝，圆鳞，体侧密布小黑点。主要分布于伊犁河水系、额敏河水系和准噶尔盆地周边水系。小型鱼类，具有较高的科学研究价值，目前尚未开展其人工繁殖技术研究。

3. 阿勒泰鲹

Phoxinus ujmonensis Kaschenko，1899

英文名：uimoni lepamaim
曾用学名：*Phoxinus phoxinus ujmonesis*
曾用中文学名：阿勒泰真鲹
分类地位：鲤形目—鲤科—鲹属
我国分布流域：额尔齐斯河水系阿勒泰山地区

采集水域：布尔津河
拍摄人：刘鸿
拍摄年份：2024 年
体长：74 mm

哈巴河婚姻色阿勒泰鱥 (体长 65 mm，牛建功拍摄)

　　体延长，吻钝圆。体被圆鳞，鳞小，峡部、腹部、胸部无鳞。繁殖期具有典型的婚姻色。仅分布于额尔齐斯河水系，典型土著鱼类之一。小型鱼类，具有性成熟早、生长速度快等特点，具有开发模式种的科学利用价值。

4. 北方须鳅

Barbatula nuda (Bleeker, 1864)

英文名：paljas trulling
曾用学名：*Barbatula barbatula nuda*
曾用中文学名：北方条鳅、董氏条鳅、阿勒泰须鳅
俗名：狗鱼、花泥鳅
分类地位：鲤形目—鳅科—条鳅亚科—须鳅属
我国分布流域：黑龙江上游、额尔齐斯河水系

标本采集水域：阿勒泰地区阿拉克别克河 185 团 12 连
标本采集时间：1999-05-03
拍摄人：刘鸿、高菁
拍摄年份：2023 年
体长：87 mm

　　体细长，头稍扁平。前后鼻孔相邻，鳔后室退化。主要分布于额尔齐斯河和乌伦古河水系，为典型土著特有鱼类。因其分类学地位而具有较高的科学研究价值。

5. 穗唇须鳅

Barbatula labiata (Kessler，1874)

英文名：plain thicklip loach
曾用学名：*Nemachilus labiatus*
曾用中文学名：缝唇条鳅
俗名：小狗鱼
分类地位：鲤形目—鳅科—条鳅亚科—须鳅属
我国分布流域：伊犁河及额敏河水系

采集水域：喀什河
拍摄人：张涛
拍摄年份：2024 年
体长：117 mm

穗唇须鳅标本（体长 93 mm，采集地点喀什河东方电站，采集时间 2006-07-10，刘鸿、高菁拍摄）

体细长，呈圆筒状。上唇流苏状，下唇具乳突，鼻孔分离。主要分布于伊犁河、额敏河和天山北坡诸小河水系。种群资源量较少，具有科学研究价值。目前尚未开展其人工繁殖技术研究。

6. 小眼须鳅

Barbatula microphthalma (Kessler，1879)

英文名：small-eye loach

曾用学名：*Emachilus microphthalmus*

曾用中文学名：小眼条鳅

俗名：狗鱼

分类地位：鲤形目—鳅科—条鳅亚科—须鳅属

我国分布流域：准噶尔盆地及东疆地区河流

标本采集水域：精河县 82 团

标本采集时间：2006-06-06

拍摄人：刘鸿、高菁

拍摄年份：2023 年

体长：139 mm

小眼须鳅吻部腹面

体长形。前后鼻孔分离，上下唇有穗状突起。鳔后部卵圆形，游离于腹腔内。分布于天山北坡诸小河和环准噶尔盆地诸小河水系，小型鱼类。目前尚未开展其人工繁殖技术研究。

7. 小体高原鳅

Triphophysa minuta (Li，1966)

英文名：small-body loach

曾用学名：*Nemachilus minatus*

曾用中文学名：小体条鳅

分类地位：鲤形目—鳅科—条鳅亚科—高原鳅属

我国分布流域：吐鲁番、乌鲁木齐、博尔塔拉蒙古自治州及乌尔禾等水系

标本采集水域：阿苇滩水库

标本采集时间：1999-05-17

拍摄人：刘鸿、高菁

拍摄年份：2023 年

体长：44 mm

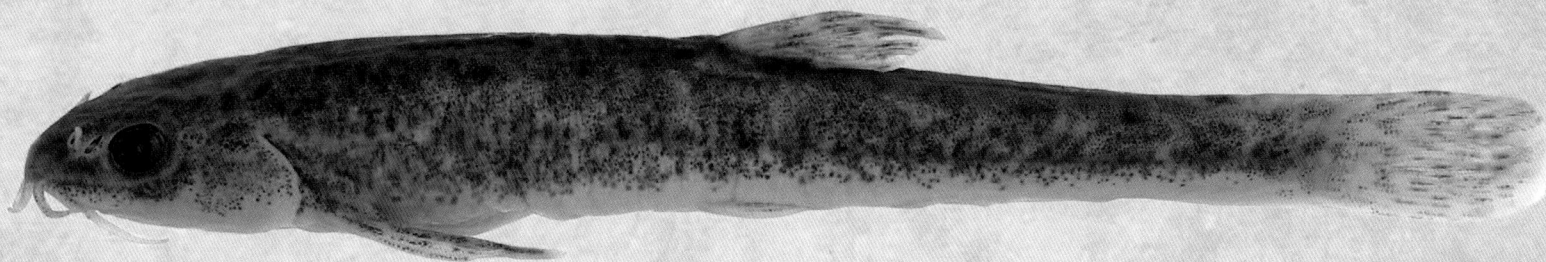

　　体稍延长，平扁。前后鼻孔稍分开，上唇狭，下唇中断。与其他高原鳅的低龄样本很难区分。分布于额尔齐斯河、天山北坡诸小河和环准噶尔盆地诸小河水域。具有较高的地理分布科学研究价值，目前尚未开展其人工繁殖技术研究。

8. 隆额高原鳅

Triplophysa bombifrons (Herzenstein，1888)

英文名：high-forehead loach

曾用学名：*Nemachilus bombifrons*

曾用中文学名：球吻条鳅

分类地位：鲤形目—鳅科—条鳅亚科—高原鳅属

我国分布流域：塔里木河水系

标本采集水域：塔里木河

标本采集时间：2003 年

拍摄人：刘鸿、高菁

拍摄年份：2023 年

体长：182 mm

体延长，头稍平扁，吻部在眼前方突然降低。鳔后室是膜质室，肠绕折成"Z"字形。小型鱼类，主要分布于塔里木河水系，为典型土著特有鱼类，2019—2021 年渔业资源调查结果显示其资源量已极低，目前尚未开展其人工繁殖技术研究。

9. 黑背高原鳅

Triplophysa dorsalis (Kessler，1872)

英文名：gray loach

曾用学名：*Nemachilus dorsalis*

曾用中文学名：黑背条鳅

分类地位：鲤形目—鳅科—条鳅亚科—高原鳅属

我国分布流域：伊犁河水系

采集水域：喀什河

拍摄人：杨博文

拍摄年份：2024 年

体长：98 mm

黑背高原鳅标本（体长 73 mm，采集地点喀什河吉林台水库，采集时间 2007-09-11，刘鸿、高菁拍摄）

　　体稍短，上唇唇缘多乳突。鳔前室包于骨质囊中，后室为游离膜质囊。主要分布于伊犁河水系，小型鱼类，为典型土著特有鱼类，2018 年后资源量急剧下降。具有较高的科学研究价值，目前尚未开展其人工繁殖技术研究。

10. 小鳔高原鳅

Triplophysa microphysa (Fang，1935)

英文名：small-swimbladder loach
曾用学名：*Nemachilus microphysa*
曾用中文学名：小鳔条鳅

分类地位：鲤形目—鳅科—条鳅亚科—高原鳅属
我国分布流域：阿克苏河

体延长，侧扁。下唇在中部分开，唇面光滑，颌正常。小型鱼类，新疆分布记录为 1935 年方炳文先生在阿克苏河采集，此后至今再未有相关采集信息的报道。

11. 斯氏高原鳅

Triplophysa stolickai (Steindachner, 1866)

英文名：Tibetan stone loach
曾用学名：*Nemachilus stoliczkae*；*Triplophysa stoliczkae*
曾用中文学名：球肠条鳅、背斑条鳅、高原条鳅、中亚条鳅、背斑高原鳅、斯氏条鳅
分类地位：鲤形目—鳅科—条鳅亚科—高原鳅属
我国分布流域：青藏高原及其毗连地区（不超过喜马拉雅山南坡），新疆广泛分布于塔里木河、伊犁河、额敏河及天山北坡水系

采集水域：塔什库尔干河
拍摄人：刘鸿
拍摄年份：2020 年
体长：87 mm

斯氏高原鳅黄色个体 (体长 83 mm，刘鸿拍摄)

斯氏高原鳅吻部腹面

　　体延长。上唇唇缘乳突较平坦，下唇唇面皱褶浅平，前后鼻孔相邻。多数背部有"工"字形斑块。遍布于新疆额尔齐斯河、伊犁河、额敏河、天山北坡诸小河、开都河、车尔臣河以及塔里木河等所有水系的中上游水域，为新疆土著特有鱼类的广布种。2019年突破其人工繁殖技术，目前尚未开展规模化繁育。商业开发价值较低，具有较高的科学研究价值。

12. 新疆高原鳅

Triplophysa strauchii (Kessler，1874)

英文名：spotted thicklip loach

曾用学名：*Nemachilus strauchii strauchii*

曾用中文学名：黑斑条鳅

俗名：狗鱼

分类地位：鲤形目—鳅科—条鳅亚科—高原鳅属

我国分布流域：伊犁河、额敏河、博尔塔拉河、玛纳斯河和乌鲁木齐河

采集水域：喀什河

拍摄人：张涛

拍摄年份：2021 年

体长：181 mm

新疆高原鳅吻部腹面

　　体延长，头后稍隆起，尾柄较细。前后鼻孔仅有一皮突相隔。多数体背布有不规则小黑斑。遍布于新疆天然河流、湖泊和人工水库等水域，为新疆高原鳅属旗舰种，资源量较为丰富。2014年突破其人工繁殖技术，但目前尚未实现规模化繁育养殖。具有较高的商业开发潜力。

长身高原鳅

Triplophysa tenuis (Day，1877)

英文名：long–body loach

曾用学名：*Nemachilus strauchii papilloso-labiatus*

曾用中文学名：粒唇黑斑条鳅

俗名：狗鱼

分类地位：鲤形目—鳅科—条鳅亚科—高原鳅属

我国分布流域：博斯腾湖、塔里木河水系、河西走廊的黑河、疏勒河和弱水

采集水域：塔什库尔干河

拍摄人：刘鸿

拍摄年份：2020 年

体长：199 mm

长身高原鳅吻部腹面

　　体延长，后部尾柄较细而长，通常尾柄长是尾柄高的 4~5 倍。分布于南疆地区开都河、车尔臣河、塔里木河水系，为南疆水系土著鱼类代表种之一。2016 年突破其人工繁殖技术，目前尚未开展规模化繁育研究工作。

14. 北方花鳅

Cobitis sibirica Gladkov，1935

英文名：northern loach
曾用学名：*Cobitis taenia sibirica*、*Cobitis granoei*
曾用中文学名：西伯利亚花鳅
分类地位：鲤形目—鳅科—花鳅亚科—花鳅属
我国分布流域：黑龙江、乌伦古河、黄河上游、滦河
上游等水域

标本采集水域：别列孜克河
标本采集时间：1998-08-22
拍摄人：胡江伟
拍摄年份：2022 年
体长：95 mm

体细长，较侧扁。鳃后有倒刺，尾鳍扇形。主要分布于额尔齐斯河水域，为典型土著特有鱼类，目前尚未开展其人工繁殖技术研究。

第五章 主要流域特征及鱼类典型栖息地

1. 额尔齐斯河水系

额尔齐斯河干流 185 团河段（牛建功拍摄）

额尔齐斯河干流富蕴县河段（牛建功拍摄）

额尔齐斯河支流喀依尔特河上游（刘鸿拍摄）

额尔齐斯河支流喀拉额尔齐斯河上游（刘鸿拍摄）

额尔齐斯河支流布尔津河支流苏木达依尔克河柯赛依水电站河段（刘鸿拍摄）

额尔齐斯河支流青格里河支流大青格里河上游（左、右上） 大青格里河下游（右下）（刘鸿拍摄）

119

额尔齐斯河支流青格里河支流小青格里河上游（刘鸿拍摄）

额尔齐斯河支流小青格里河上游独立水体三道海子（刘鸿拍摄）

额尔齐斯河支流哈巴河（左上） 哈巴河上游（右上） 哈巴河山口电站坝下（左下） 额尔齐斯河与哈巴河汇河口（右下）（牛建功拍摄）

福海县乌伦古湖（牛建功拍摄）

2. 伊犁河水系

伊犁河干流三桥河段（牛建功拍摄）

伊犁河支流特克斯河昭苏县河段（左）　特克斯河木塔斯电站段（右上）　特克斯河出山口河段（右下）（牛建功、刘鸿拍摄）

伊犁河支流巩乃斯河上游（左） 巩乃斯河林场河段（右上） 巩乃斯河出山口河段（右下）（牛建功、张涛拍摄）

伊犁河支流喀什河上游山区河段（左）　喀什河种蜂场河段（右上）　喀什河下游河段（右下）（张人铭、张涛拍摄）

3. 天山北麓及额敏河水系

博乐市赛里木湖（刘鸿拍摄）

精河县艾比湖（牛建功拍摄）

乌鲁木齐市柴窝堡湖（牛建功拍摄）

乌鲁木齐河（刘鸿拍摄）

玛纳斯河（牛建功拍摄）

132

精河下游艾比湖湿地保护区河段（刘鸿拍摄）

奎屯河甘家湖（左）奎屯河上游河段（右）（牛建功拍摄）

博尔塔拉河卡昝河段（刘鸿拍摄）

额敏河下游巴斯拜大桥河段（牛建功、刘鸿拍摄）

4. 塔里木河水系

塔里木河干流尉犁县河段（左） 塔里木河干流阿拉尔河段（右上） 塔里木干流恰拉河段（右下）（陈朋、韩军军拍摄）

和田河支流喀拉喀什河波波娜水电站河段（韩军军拍摄）

和田河支流喀拉喀什河支流杜瓦河下游（韩军军拍摄）

叶尔羌河上游山区河段（左）（张人铭拍摄）　叶尔羌河支流塔什库尔干河上游（右上）（刘鸿拍摄）　叶尔羌河上游大同乡河段（右下）（刘鸿拍摄）

叶尔羌河（左）与塔什库尔干河（右）汇河口（刘鸿拍摄）

叶尔羌河下游麦盖提河段（张人铭拍摄）

喀什噶尔河支流盖孜河（刘鸿拍摄）

阿克苏河支流托什干河阿合奇县河段（左）　托什干河秋格尔渠首河段（右上）　托什干河乌什县河段（右下）（韩军军拍摄）

阿克苏河支流库玛拉克河扁吻鱼场河段（韩军军拍摄）

渭干河支流木札提河托克逊水文站河段（陈朋、韩军军拍摄）

渭干河克孜尔水库（左）　克孜尔水库坝下（右上）　渭干河千佛洞河段（右下）（韩军军拍摄）

开都河上游巴音布鲁克河段（牛建功拍摄）

开都河大山口电站下游河段（左）　开都河小山口电站第二枢纽（右上）　开都河察汗乌苏电站下游河段（右下）（韩军军拍摄）

开都河第一分水枢纽（左） 开都河第二分水枢纽闸下河段（右上） 开都河第二分水枢纽哈尔莫敦河段（右下）（韩军军拍摄）

开都河下游河段（张人铭拍摄）

车尔臣河上游河段（左、右上）（张涛拍摄） 车尔臣河下游河段（右下）（陈朋拍摄）

博湖县博斯腾湖（韩军军拍摄）

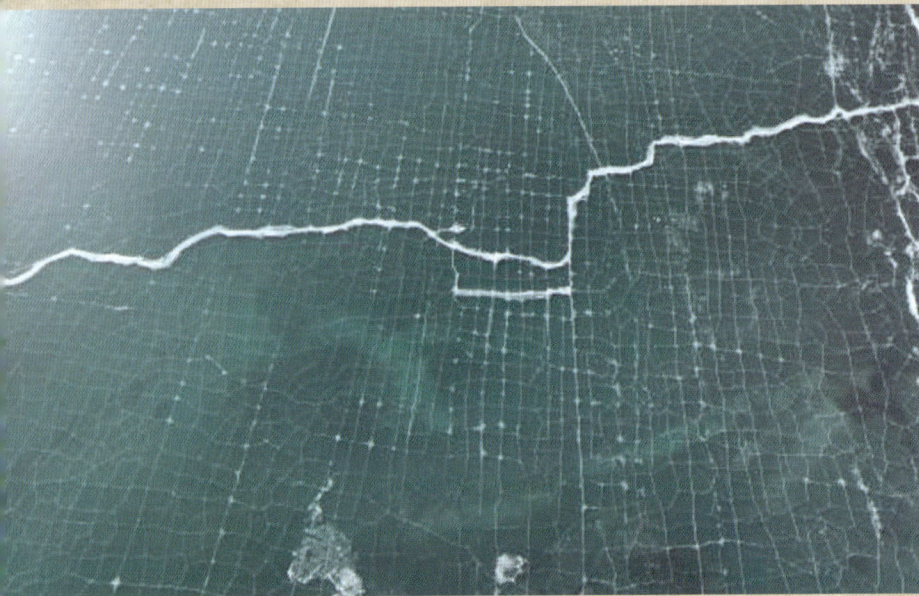

博斯腾湖冰面（韩军军拍摄）

塔里木河尾闾湖台特玛湖（韩军军拍摄）

塔里木河尾闾湖康拉克湖（韩军军拍摄）

沙漠湖泊罗布湖（韩军军拍摄）

参考文献 REFERENCES

陈宜瑜，1998．中国动物志硬骨鱼纲鲤形目 (中卷)[M]．北京：科学出版社．

郭焱，张人铭，蔡林钢，等，2012．新疆鱼类志 [M]．乌鲁木齐：新疆科学技术出版社．

郭焱，张人铭，蔡林钢，等，2005．博斯腾湖鱼类资源及渔业 [M]．乌鲁木齐：新疆科学技术出版社．

户国，纪锋，郑鹏，等，2021．裸腹鲟人工繁殖技术研究初报 [J]．中国水产科学，28(04)：403-410．

乐佩琦，2000．中国动物志硬骨鱼纲鲤形目 (下卷)[M]．北京：科学出版社．

李思忠，1981．中国淡水鱼类的分布区划 [M]．北京：科学出版社．

李思忠，戴定远，张世义，等，1966．新疆北部鱼类的调查研究 [J]．动物学报，18(01)：41-56．

马波，王玉梅，蔡林钢，等，2021，中国鲟科一新记录种——小体鲟 [J]．物学杂志，56(05)：770-775．

任慕莲，郭焱，张清礼，等，1998．伊犁河鱼类资源及渔业 [M]．哈尔滨：黑龙江科学技术出版社．

任慕莲，郭焱，张人铭，等，2002．中国额尔齐斯河鱼类资源及渔业 [M]．乌鲁木齐：新疆科技卫生出版社．

伍献文，等，1964．中国鲤科鱼类志上卷 [M]．上海：上海科学技术出版社．

伍献文，等，1977．中国鲤科鱼类志下卷 [M]．上海：上海科学技术出版社．

伍献文，杨干荣，1963．中国经济动物志 (淡水鱼类)[M]．2 版．北京：科学出版社．

谢从新，郭焱，李云峰，等，2021．新疆跨境河流水生态环境与渔业资源调查：额尔齐斯河 [M]．北京：科学出版社．

中国科学院动物研究所, 中国科学院新疆生物土壤沙漠研究所, 新疆维吾尔自治区水产局, 1979. 新疆鱼类志 [M]. 乌鲁木齐: 新疆人民出版社.

TCHANG T L，1933．Redescriptions of two cyprinoid fishes from Sinkiang province，China[J]．Lingnan Science Journal，12(3)：431-433．